Sitzungsberichte
der Akademie der Wissenschaften
der DDR
Mathematik – Naturwissenschaften – Technik

17 N
1976

Wolfgang Tutschke

Die neuen Methoden der komplexen Analysis und ihre Anwendung auf nichtlineare Differentialgleichungssysteme

AKADEMIE-VERLAG · BERLIN

Sitzungsberichte
der Akademie der Wissenschaften der DDR
Mathematik — Naturwissenschaften — Technik

Jahrgang 1976 · Nr. 17/N

Wolfgang Tutschke

Die neuen Methoden der komplexen Analysis und ihre Anwendung auf nichtlineare Differentialgleichungssysteme

AKADEMIE-VERLAG · BERLIN
1977

Erweiterter Vortrag von
Prof. Dr. sc. Wolfgang Tutschke,
Sektion Mathematik der Martin-Luther-Universität
Halle/Wittenberg, gehalten vor der Klasse
Mathematik am 8. April 1976

Herausgegeben im Auftrage
des Präsidenten der Akademie
der Wissenschaften der DDR
von Vizepräsident Prof. Dr. Heinrich Scheel

Erschienen im Akademie-Verlag, 108 Berlin, Leipziger Str. 3—4

Lizenznummer: 202 · 100/192/76
Gesamtherstellung: VEB Druckhaus Köthen
Bestellnummer: 7532709 (2010/76/17/N) · LSV 1035
Printed in GDR
DDR 3,— M

Die neuen Methoden der komplexen Analysis und ihre Anwendung auf nichtlineare Differentialgleichungssysteme[1]

Spricht man über komplexe Analysis, so denkt man im allgemeinen auch heute noch in erster Linie an die (komplexe) Funktionentheorie, in deren Mittelpunkt der Begriff der im komplexen Sinn differenzierbaren Funktion steht. Die Forderung der komplexen Differenzierbarkeit der komplexwertigen Funktion $f = u + iv$ impliziert, daß Realteil u und Imaginärteil v dem Cauchy-Riemannschen partiellen Differentialgleichungssystem und demzufolge u und v der Laplaceschen Differentialgleichung (in der Ebene) genügen. Vom Standpunkt der Theorie partieller Differentialgleichungen sind es also nur sehr spezielle Differentialgleichungen bzw. Differentialgleichungssysteme, die sich durch die klassische Funktionentheorie unmittelbar erfassen lassen.

Um größere Allgemeinheit für die Anwendung komplexer Methoden auf partielle Differentialgleichungen zu erreichen, muß der komplexe Ableitungsbegriff verallgemeinert werden. Diese Verallgemeinerungen (ein Aufbau der entsprechenden Theorie wird in 1. skizziert) wurde zunächst zur Untersuchung linearer Differentialgleichungen angewandt. Ziel der vorliegenden Arbeit ist es, zu zeigen, daß die dabei entwickelten Methoden auch zur Untersuchung nichtlinearer Differentialgleichungen anwendbar sind.

Der Grundgedanke für die Anwendung komplexer Methoden auf partielle Differentialgleichungen besteht darin, das gestellte Differentialgleichungsproblem auf ein analoges Ersatzproblem für holomorphe Funktionen zurückzuführen. Da — wie gezeigt werden soll — damit nicht nur lineare und auch nicht nur quasilineare Differentialgleichungen behandelt werden können, und da holomorphe Funktionen linearen Differentialgleichungen genügen, kann diese Methode auch als eine Art Linearisierung aufgefaßt werden.

1. Einleitung: Theorie linearer Systeme

Ist $w = u + iv$ eine holomorphe Funktion von $z = x + iy$, so erfüllen u, v bekanntlich das CAUCHY-RIEMANNsche Differentialgleichungssystem

$$\frac{\partial u}{\partial x} - \frac{\partial v}{\partial y} = 0, \qquad \frac{\partial v}{\partial x} + \frac{\partial u}{\partial y} = 0. \tag{1}$$

Diese zwei Gleichungen kann man komplex zusammenfassen zu

$$\left(\frac{\partial u}{\partial x} - \frac{\partial v}{\partial y}\right) + i\left(\frac{\partial v}{\partial x} + \frac{\partial u}{\partial y}\right) = 0,$$

also zu

$$\left(\frac{\partial u}{\partial x} + i\frac{\partial v}{\partial x}\right) + i\left(\frac{\partial u}{\partial y} + i\frac{\partial v}{\partial y}\right) = \frac{\partial w}{\partial x} + i\frac{\partial w}{\partial y} = 0.$$

Andererseits läßt sich die gewöhnliche komplexe Ableitung einer holomorphen Funktion $w = w(z)$ darstellen in der Form

$$\frac{dw}{dz} = \frac{\partial u}{\partial x} + i\frac{\partial v}{\partial x},$$

unter Beachtung von (1) also auch durch

$$\frac{dw}{dz} = \frac{1}{2}\left(\frac{\partial u}{\partial x} + i\frac{\partial v}{\partial x}\right) - \frac{i}{2}\left(\frac{\partial u}{\partial y} + i\frac{\partial v}{\partial y}\right) = \frac{1}{2}\left(\frac{\partial w}{\partial x} - i\frac{\partial w}{\partial y}\right). \tag{2}$$

Definiert man nun die beiden partiellen komplexen Differentiationen[2]

$$\frac{\partial}{\partial z} = \frac{1}{2}\left(\frac{\partial}{\partial x} - i\frac{\partial}{\partial y}\right), \qquad \frac{\partial}{\partial z^*} = \frac{1}{2}\left(\frac{\partial}{\partial x} + i\frac{\partial}{\partial y}\right), \tag{3}$$

so kann man (1) und (2) in der Form

$$\frac{\partial w}{\partial z^*} = 0 \quad \text{bzw.} \quad \frac{dw}{dz} = \frac{\partial w}{\partial z}$$

schreiben. Hierbei bedeutet z^* die konjugiert-komplexe Zahl zu z. Die Erweiterung der komplexen Analysis gegenüber der klassischen Funktionentheorie besteht nun darin, neben holomorphen Funktionen auch solche zu betrachten, für die

$$\frac{\partial w}{\partial z^*} = g \tag{4}$$

nicht identisch verschwindet. Die durch (4) definierte komplexwertige Funktion g kann als Maß dafür angesehen werden, wie stark w von einer holomorphen Funktion abweicht. Die oben gegebenen Verallgemeinerungen der komplexen Differentiationen können auch im SOBOLEVschen Sinn aufgefaßt werden. Zunächst kann man nämlich (für Funktionen mit klassischen Ableitungen nach x und y) den Integralsatz von OSTROGRADSKIJ-GAUSS in der Form

$$\iint_G \frac{\partial w}{\partial z^*}\, dx\, dy = \frac{1}{2i} \int_{\partial G} w\, dz \tag{5}$$

schreiben, wobei ∂G den Rand von G bezeichnet. Unter einer Testfunktion versteht man eine in G definierte (komplexwertige) Funktion, die (stetige) klassische partielle Ableitungen nach x, y (und folglich auch nach z und z^*) besitzt und die weiterhin außerhalb einer kompakten Teilmenge von G identisch verschwindet. Setzt man $w = f\varphi$ und $\frac{\partial f}{\partial z^*} = g$ zu gegebenem f, so hat man

$$\frac{\partial w}{\partial z^*} = f \frac{\partial \varphi}{\partial z^*} + g\varphi .$$

Da w am Rande von G verschwindet, folgt aus (5):

Besitzt f bezüglich z^* die Ableitung g im klassischen Sinn, so gilt

$$\iint_G \left(f \frac{\partial \varphi}{\partial z^*} + g\varphi\right) dx\, dy = 0 \tag{6}$$

für jede Testfunktion G. Nun kann es zu gegebener Funktion f ein g geben, daß (6) für jede Testfunktion G erfüllt ist, ohne daß f im klassischen Sinn differenzierbar ist. Dann heißt g die SOBOLEV-Ableitung von f bezüglich z^*. Analog wird die SOBOLEV-Ableitung bezüglich z definiert[3].

In diesem SOBOLEVschen Sinn besitzt die durch

$$w_0(z) = -\frac{1}{\pi} \iint_G \frac{g(\zeta)}{\zeta - z}\, d\xi\, d\eta \tag{7}$$

definierte Funktion bezüglich z^* die partielle komplexe Ableitung g, so daß w_0 Lösung der Differentialgleichung (4) ist[4].

Im Fall der gewöhnlichen komplexen Ableitung hat es keinen Sinn, Ableitungen im SOBOLEVschen Sinn zu betrachten. Da eine überall im gewöhnlichen Sinn komplex differenzierbare (d.h. eine holomorphe) Funktion identisch verschwindet, wenn sie in einer offenen Menge verschwindet, kommt nur die identisch verschwindende Funktion als Testfunktion in Frage. Die

SOBOLEVsche Testrelation (6) wird dadurch gegenstandslos. Damit ist gezeigt, daß die Betrachtung nicht klassischer Ableitungen erst nach Einführung der partiellen komplexen Differentiationen (3) möglich wird.

Gegenüber der Verwendung des klassischen Ableitungsbegriffes wird einerseits durch Verwendung der Ableitungen im SOBOLEVschen Sinn die Allgemeinheit der komplexen Analysis wesentlich erweitert. Andererseits ist der Zusammenhang zwischen beiden Ableitungsbegriffen (in der komplexen Version) eng genug, um auf die Untersuchung von Funktionen mit partiellen komplexen SOBOLEV-Ableitungen Aussagen aus der klassischen Funktionentheorie anwenden zu können. Dieser scheinbare Widerspruch findet seine Erklärung durch das WEYLsche Lemma:

Besitzt w bezüglich z^* die partielle komplexe SOBOLEV-Ableitung und verschwindet diese identisch,

$$\frac{\partial w}{\partial z^*} = 0,$$

so kann die Ableitung im klassischen Sinn aufgefaßt werden, d.h., w ist klassische holomorphe Funktion.

Mit Hilfe des WEYLschen Lemmas ergibt sich für die allgemeine Lösung der inhomogenen CAUCHY-RIEMANNschen Differentialgleichung (4) die Darstellung

$$w = w_0 + \Phi,$$

wobei w_0 die spezielle Lösung (7) und Φ eine beliebige holomorphe Funktion bedeuten. Diese Darstellung ermöglicht eine eineindeutige Zuordnung zwischen holomorphen Funktionen und Lösungen der inhomogenen CAUCHY-RIEMANNschen Differentialgleichung, eine Zuordnung, die sich auch bei allgemeineren partiellen komplexen Differentialgleichungen (sogar bei mehreren komplexen Variablen) konstruieren läßt.

Das allgemeine lineare Differentialgleichungssystem für zwei reellwertige Funktionen $u = u(x, y)$, $v = v(x, y)$, das aus zwei reellen Differentialgleichungen besteht, hat die Form

$$a_{j1} \frac{\partial u}{\partial x} + a_{j2} \frac{\partial u}{\partial y} + b_{j1} \frac{\partial v}{\partial x} + b_{j2} \frac{\partial v}{\partial y} + c_{j1} u + c_{j2} v = d_j, \quad j = 1, 2, \qquad (8)$$

wobei die Koeffizienten reellwertige Funktionen von x, y seien. Faßt man diese beiden reellen Differentialgleichungen zu einer komplexen zusammen und setzt man $u + iv = w$, $x + iy = z$, so geht das System (8) über in

$$A_1 \frac{\partial w}{\partial z} + A_2 \frac{\partial w}{\partial z^*} + A_3 \left(\frac{\partial w}{\partial z}\right)^* + A_4 \left(\frac{\partial w}{\partial z^*}\right)^* + C_1 w + C_2 w^* = D, \qquad (9)$$

wobei die Koeffizienten komplexwertige Funktionen von z sind.

Zwei besonders wichtige Spezialfälle von (9) sind die Differentialgleichungen

$$\frac{\partial w}{\partial z^*} = q(z) \frac{\partial w}{\partial z} \tag{10}$$

und

$$\frac{\partial w}{\partial z^*} = A(z)\, w + B(z)\, w^*. \tag{11}$$

Im Fall $|q(z)| \leq q_0 < 1$ ist (10) gleichmäßig elliptisch. In diesem Fall — die Differentialgleichung (10) wird dann auch BELTRAMIsche Differentialgleichung genannt — läßt sich die Existenz global eineindeutiger Lösungen nachweisen.

Bezüglich der allgemeinen Differentialgleichung (9) läßt sich zeigen (vgl. [27]):

Ist eine vorgegebene Differentialgleichung (9) (bzw. das ihr gleichwertige System (8)) gleichmäßig elliptisch, so kann man sie durch Verwendung eines (der BELTRAMIschen Differentialgleichung (10) genügenden) Koordinatenwechsels in die Form (11) überführen.

Mit anderen Worten: Die Differentialgleichung (11) kann als komplexe Normalform gleichmäßig elliptischer linearer Differentialgleichungssysteme (8) angesehen werden.

Eine Besonderheit dieser komplexen Normalform (11) besteht darin, daß von den beiden möglichen partiellen komplexen Ableitungen $\frac{\partial w}{\partial z}$ und $\frac{\partial w}{\partial z^*}$ nur eine vorkommt. Der Grund dafür ist, daß man mit Hilfe der BELTRAMIschen Differentialgleichung eine dieser Ableitungen durch die andere ausdrücken kann. Bei Betrachtung von Differentialgleichungen für n komplexwertige Funktionen $w_1, \ldots, w_n$ treten im allgemeinen $2n$ partielle komplexe Ableitungen $\frac{\partial w_1}{\partial z}, \frac{\partial w_1}{\partial z^*}, \ldots, \frac{\partial w_n}{\partial z}, \frac{\partial w_n}{\partial z^*}$ auf. Durch einen Koordinatenwechsel kann man im allgemeinen von den $2n$ Ableitungen nicht alle $\frac{\partial w_j}{\partial z}$ zum Verschwinden bringen. Normalformen für lineare Systeme für $w_1, \ldots, w_n$, in denen für alle w_j nur ein Ableitungsoperator vorkommt, können daher nur spezielle lineare Systeme erfassen (bezüglich der Theorie linearer Systeme für endlich viele komplexwertige Funktionen vgl. man B. W. BOJARSKI [5], A. DOUGLIS [8], R. P. GILBERT [9], D. PASCALI [17, 18]).

2. *Die komplexe Normalform und das dazu äquivalente singuläre Integralgleichungssystem für nichtlineare partielle Differentialgleichungssysteme erster Ordnung in der Ebene*

Gesucht werden in der x, y-Ebene $2n$ reellwertige Funktionen $u_1, \ldots, u_{2n}$, die einem aus $2n$ reellen Differentialgleichungen bestehenden System

$$H\left(x, y, u, \frac{\partial u}{\partial x}, \frac{\partial u}{\partial y}\right) = 0 \tag{12}$$

genügen sollen, wenn zur Abkürzung $(u_1, \ldots, u_{2n}) = u$ und $(H_1, \ldots, H_{2n}) = H$ gesetzt wurde. Löst man dieses aus $2n$ Gleichungen bestehende Gleichungssystem nach den $2n$ Variablen $\frac{\partial u_j}{\partial x}$ auf — dies werde als möglich vorausgesetzt —, so folgt

$$\frac{\partial u}{\partial x} = f\left(x, y, u, \frac{\partial u}{\partial y}\right). \tag{13}$$

Nun setze man

$$u_\nu + i u_{n+\nu} = w_\nu, \quad v = 1, \ldots, n.$$

Differenziert man nach x bzw. y und löst man die entstehenden $2n$ Gleichungen nach den Ableitungen der u_j auf, so folgt

$$2\frac{\partial u_\nu}{\partial x} = \frac{\partial w_\nu}{\partial x} + \left(\frac{\partial w_\nu}{\partial x}\right)^*,$$

$$2i\,\frac{\partial u_{n+\nu}}{\partial x} = \frac{\partial w_\nu}{\partial x} - \left(\frac{\partial w_\nu}{\partial x}\right)^*$$

bzw. dieselben Gleichungen für die Ableitungen nach y. Andererseits kann man die Ableitungen der w_ν nach x und y durch die nach z und z^* ausdrücken. Insgesamt kann man alle $2n$ partiellen Ableitungen nach x, y der u_i durch die $2n$ partiellen komplexen Ableitungen

$$\frac{\partial w_\nu}{\partial z}, \frac{\partial w_\nu}{\partial z^*} \tag{14}$$

ausdrücken. In der expliziten Darstellung dieser Abhängigkeiten treten dabei auch die $\left(\frac{\partial w_\nu}{\partial z}\right)^*$ und die $\left(\frac{\partial w_\nu}{\partial z^*}\right)^*$ auf. Durch Einsetzen dieser Abhängigkeiten in (13) ergeben sich n komplexe Gleichungen der Form

$$h_j\left(z, w, \frac{\partial w}{\partial z}, \frac{\partial w}{\partial z^*}\right) = 0, \quad j = 1, \ldots, n. \tag{15}$$

Faßt man außer den w auch die Ableitungen (14) als komplexe Variable auf, so kann man (15) als komplexes Gleichungssystem im $\mathbb{C}^{1+3n}$ auffassen. Da (15) aus n komplexen Gleichungen besteht, kann man — falls wieder entsprechende Auflösungsbedingungen erfüllt sind — nach n komplexen Variablen auflösen. Falls man nach den $\frac{\partial w_\nu}{\partial z^*}$ auflösen kann, ergibt sich für (12) die gesuchte Normalform (vgl. auch [25])

$$\frac{\partial w}{\partial z^*} = F\left(z, w, \frac{\partial w}{\partial z}\right). \tag{16}$$

Diese Normalform steht in Analogie zur expliziten Differentialgleichung

$$y' = F(x, y), \tag{17}$$

die als Normalform der (impliziten) Differentialgleichung

$$H(x, y, y') = 0$$

aufgefaßt werden kann. Die Behandlung der expliziten Differentialgleichung (17) erfolgt bekanntlich durch Zurückführung auf ein Integralgleichungssystem. Analog dazu wird (16) in ein äquivalentes Integralgleichungssystem umgeformt. Dazu sind der T_G- und der Π_G-Operator erforderlich, die durch

$$T_G g(z) = -\frac{1}{\pi}\iint\limits_G \frac{g(\zeta)}{\zeta - z}\, d\xi\, d\eta,$$

$$\Pi_G g(z) = -\frac{1}{\pi}\iint\limits_G \frac{g(\zeta)}{(\zeta - z)^2}\, d\xi\, d\eta$$

($\zeta = \xi + i\eta$) definiert werden. Ist G beschränkt und $\mathscr{C}^{(k,\alpha)}(\overline{G})$ der Raum aller komplexwertigen Funktionen bzw. Vektoren, die in $\overline{G}$ α-hölderstetige Ableitungen bis zur k-ten Ordnung einschließlich besitzen, so wird $\mathscr{C}^{(k,\alpha)}(\overline{G})$ durch T_G in $\mathscr{C}^{(k+1,\alpha)}(\overline{G})$ und durch Π_G in sich abgebildet (vgl. [27]). Die Norm in $\mathscr{C}^{(0,\alpha)}(\overline{G})$ wird durch

$$\|g\|_{0,\alpha} = \max\left(\sup_G |g|, \sup_{z_1 \neq z_2} \frac{|g(z_1) - g(z_2)|}{|z_1 - z_2|^\alpha}\right)$$

definiert. Dann erweisen sich sowohl T_G als auch Π_G als beschränkte Operatoren.

Betrachtet man anstelle einer komplexwertigen Funktion g Vektoren $(g_1, \ldots, g_n)$, so ist rechts g durch g_j zu ersetzen und das Maximum auch über j zu erstrecken. Bei der Definition von $\|g\|_{k,\alpha}$ wird das Maximum außer über g auch über die Ableitungen von g bezüglich z, z^* bis zur Ordnung k einschließlich erstreckt.

Grundlegend sind die Differenzierbarkeitseigenschaften des T_G-Operators:

$$\frac{\partial}{\partial z^*} T_G g = g, \quad \frac{\partial}{\partial z} T_G g = \Pi_G g. \tag{18}$$

Hieraus ergeben sich zunächst Relationen für die Hölder-Normen, z.B.

$$\|\Pi_G g\|_{0,\alpha} \leq \|T_G g\|_{1,\alpha}.$$

Weiter kann man nun mit Hilfe von (18) die Differentialgleichung (16) in integrale Form überführen:

Sei zunächst $w \in \mathscr{C}^{(1,\alpha)}(\overline{G})$ gegebene Lösung. Dann setze man

$$\frac{\partial w}{\partial z} = h,$$

so daß der Vektor h zu $\mathscr{C}^{(0,\alpha)}(\overline{G})$ gehört.

Über die rechte Seite $F(z, w, h)$ der Differentialgleichung (16) in der Normalform werden nun die folgenden beiden Voraussetzungen gemacht, wobei $F = (F_1, \ldots, F_n)$ sei:

$$|F_j(z_2, w, h) = F_j(z_1, w, h)| \leq l|z_2 - z_1|^\alpha, \tag{19}$$

$$\|F(z, w, h) - F(z, w, h)\|_{0,\alpha} \leq L\|(w, h) - (\tilde{w}, \tilde{h})\|_{0,\alpha}. \tag{20}$$

Dabei ist (w, h) im Fall von (19) ein Punkt des $\mathbb{C}^{2n}$, im Fall von (20) ein Element aus $\mathscr{C}^{(0,\alpha)}(\overline{G})$. Aus diesen beiden Voraussetzungen folgt (vgl. [25]):

Ist

$$(w, h) \in \mathscr{C}^{(0,\alpha)}(\overline{G}), \text{ so ist } F(z, w, h) \in \mathscr{C}^{(0,\alpha)}(\overline{G}).$$

Bildet man für $w \in \mathscr{C}^{(1,\alpha)}(\overline{G})$ nun

$$\Phi = w - T_G F(z, w, h), \tag{21}$$

so ist $\Phi \in \mathscr{C}^{(1,\alpha)}(\overline{G})$ und durch Beachtung von (16) und (18) folgt

$$\frac{\partial \Phi}{\partial z^*} = 0,$$

(d.h., Φ ist holomorph). Differenziert man (21) partiell nach z, so folgt

$$\Phi' = h - \Pi_G F(z, w, h). \tag{22}$$

Damit ist gezeigt:

Ist $w \in \mathscr{C}^{(1,\alpha)}(\overline{G})$ Lösung von (16), so ist (w, h) Lösung des Systems (21), (22).

Sei umgekehrt (w, h) eine zu $\mathscr{C}^{(0,\alpha)}(\overline{G})$ gehörende Lösung von (21), (22), wobei $\Phi \in \mathscr{C}^{(1,\alpha)}(\overline{G})$ sei. Dann folgt aus (21), daß $w = \Phi + T_G F(z, w, h)$ zu $\mathscr{C}^{(1,\alpha)}(\overline{G})$ gehört. Differenziert man partiell nach z, so erhält man

$$\frac{\partial w}{\partial z} = \Phi' + \Pi_G F(z, w, h),$$

durch Vergleich mit (22) also

$$h = \frac{\partial w}{\partial z}. \tag{23}$$

Da (mittels partieller Differentiation nach z^*) aus (21) aber

$$\frac{\partial w}{\partial z^*} = \frac{\partial \Phi}{\partial z^*} + F(z, w, h)$$

folgt, so ergibt sich wegen der Holomorphie von Φ unter Beachtung von (23), daß w Lösung von (16) ist. Zusammenfassend ist damit gezeigt:

Die Funktion $w \in \mathscr{C}^{(1,\alpha)}(\overline{G})$ ist genau dann Lösung von

$$\frac{\partial w}{\partial z^*} = F\left(z, w, \frac{\partial w}{\partial z}\right),$$

wenn es eine in G holomorphe Funktion $\Phi \in \mathscr{C}^{(1,\alpha)}(\overline{G})$ gibt, so daß (w, h) Lösung des Integralgleichungssystems

$$w = \Phi + T_G F(z, w, h),$$
$$h = \Phi' + \Pi_G F(z, w, h)$$

ist.

3. *Konstruktion von Lösungen nichtlinearer Differentialgleichungssysteme durch Verwendung der komplexen Normalform*

Die in der integralen Form (21), (22) der Differentialgleichung (16) auftretende holomorphe Funktion Φ gestattet, ein spezielles Differentialgleichungsproblem, etwa das DIRICHLETsche, auf ein Ersatzproblem für holomorphe Funktionen zurückzuführen. Um die komplexe Normalform (16) bzw. das dieser äquivalente singuläre Integralgleichungssystem (21), (22) herzuleiten, braucht das ursprünglich gegebene reelle Differentialgleichungssystem (12) nicht als elliptisch vorausgesetzt zu werden. Im nicht elliptischen Fall braucht das Ersatzproblem für das holomorphe Φ dann allerdings nicht sachgemäß zu sein, bzw. es braucht bei bekanntem Φ die zugehörige Lösung w von (16) nicht eindeutig aus (21), (22) bestimmbar zu sein.

Die hier zu besprechende komplexe Methode zur Konstruktion spezieller Lösungen partieller Differentialgleichungssysteme (12) umfaßt — allgemein gesprochen — die folgenden zwei Schritte:

a) Bestimmung einer speziellen holomorphen Funktion Φ,

b) Bestimmung der zugehörigen Lösung aus (21), (22).

Für die eindeutige Auflösung des Integralgleichungssystems (21), (22) nach w wird sich eine geeignete Beschränkung der in (20) auftretenden LIPSCHITZ-Konstanten als hinreichend erweisen. Dies läuft auf Elliptizität des betrachteten Systems (12) bzw. (16) hinaus. Bevor spezielle Lösungen konstruiert werden, soll mit Hilfe der komplexen Normalform die allgemeine Lösung hergeleitet werden. Dabei wird es sich zeigen, daß es ein eineindeutiges Entsprechen von Lösungen und holomorphen Funktionen gibt.

Es sei G ein (beschränktes) Gebiet der z-Ebene, γ_0 eine ganz im Innern von G verlaufende geschlossene (glatte) Kurve. Auf γ_0 sei Vektor $d = (d_1, \ldots, d_n)$ aus zunächst als hölderstetig vorausgesetzten komplexwertigen Funktionen $d_j = d_j(\zeta)$, $\zeta \in \gamma_0$, vorgegeben. Bildet man die Kurvenintegrale mit CAUCHY-Singularität

$$D_j(z) = \frac{1}{2\pi i} \int\limits_{\gamma_0} \frac{d_j(\zeta)}{\zeta - z} \, d\zeta,$$

so sind die D_j außerhalb γ_0 holomorph und lassen sich von beiden Seiten von γ_0 stetig auf γ_0 fortsetzen. Die Randwerte D_j^+ bzw. D_j^- von D_j bei Annäherung an γ_0 von rechts bzw. links sind selbst hölderstetige Funktionen auf γ_0 mit demselben Hölder-Exponenten α, $0 < \alpha < 1$, wie die d_j (vgl. N. I. MUSCHELISCHWILI [14]). Die Randwerte D_j^+, D_j^- genügen der Sprungrelation (Satz von PLEMELJ)

$$D_j^+ - D_j^- = d_j .$$

Bezeichnet man die Teilgebiete, in die G durch γ_0 zerlegt wird, mit G^+ und G^-, so ist die auf γ_0 durch D_j^+ bzw. D_j^- ergänzte Funktion D_j nach dem Satz von PRIVALOV in G^+ bzw. G^- hölderstetig[5]. Zusammenfassend ist

$$D = (D_1, \ldots, D_n)$$

ein außerhalb γ_0 holomorpher und in G^+ bzw. G^- hölderstetiger Vektor, dessen Randwerte D^+ bzw. D^- auf γ_0 den vorgegebenen Sprung $D^+ - D^- = d$ realisieren.

Will man alle außerhalb γ_0 holomorphen Funktionen $\Phi = (\Phi_1, \ldots, \Phi_n)$ bestimmen, die längs γ_0 das Sprungverhalten

$$\Phi^+ - \Phi^- = d$$

haben und in G^+ bzw. G^- hölderstetig sind, so ist

$$\Phi = D + \Phi_0,$$

wobei Φ_0 ein in G holomorpher und in $\overline{G}$ hölderstetiger Vektor ist.

Nun soll das Integralgleichungssystem (21), (22) gelöst werden für Funktionen der Form $\Phi = D + \Phi_0$, die längs γ_0 das durch D beschriebene Sprungverhalten besitzen. Um das genannte Integralgleichungssystem im Raum der hölderstetigen Funktionen zu lösen, muß man $\mathscr{C}^{(0,\alpha)}(\overline{G})$ durch den Raum der stückweise hölderstetigen Funktionen, die längs γ_0 einen Sprung besitzen dürfen, ersetzen. Mit $\mathscr{C}^{(0,\alpha)}(\overline{G^+}; \overline{G^-})$ wird der Raum aller in $\overline{G}\backslash\gamma_0$ definierten Funktionen bzw. Vektoren bezeichnet, die folgende Eigenschaften haben:

Die Einschränkungen von g auf G^+ bzw. auf G^- besitzen auf γ_0 eindeutig definierte Randwerte; die durch diese Randwerte ergänzten Funktionen gehören zu $\mathscr{C}^{(0,\alpha)}(\overline{G^+})$ bzw. $\mathscr{C}^{(0,\alpha)}(\overline{G^-})$. Bezeichnet man die Norm in $\mathscr{C}^{(0,\alpha)}(\overline{G^+})$ bzw. $\mathscr{C}^{(0,\alpha)}(\overline{G^-})$ mit $\|g\|^+_{0,\alpha}$ bzw. $\|g\|^-_{0,\alpha}$, so wird die Norm in $\mathscr{C}^{(0,\alpha)}(\overline{G^+}, \overline{G^-})$ durch

$$\|g\|_{0,\alpha} = \max(\|g\|^+_{0,\alpha}, \|g\|^-_{0,\alpha}) \tag{24}$$

definiert. Insbesondere hat man

$$\|g_1 + g_2\|_{0,\alpha} = \max(\|g_1 + g_2\|^+_{0,\alpha}, \|g_1 + g_2\|^-_{0,\alpha});$$

ist also etwa

$$\|g_1 + g_2\|^-_{0,\alpha} \le \|g_1 + g_2\|^+_{0,\alpha},$$

so hat man

$$\begin{aligned}\|g_1 + g_2\|_{0,\alpha} &= \|g_1 + g_2\|^+_{0,\alpha} \le \|g_1\|^+_{0,\alpha} + \|g_2\|^+_{0,\alpha}\\ &\le \max(\|g_1\|^+_{0,\alpha}, \|g_1\|^-_{0,\alpha}) + \max(\|g_2\|^+_{0,\alpha}, \|g_2\|^-_{0,\alpha})\\ &\le \|g_1\|_{0,\alpha} + \|g_2\|_{0,\alpha},\end{aligned}$$

so daß auch bei dieser Definition der Norm die Dreiecksungleichung gilt.

Im folgenden wird an die Elemente g von $\mathscr{C}^{(0,\alpha)}(\overline{G^+}, \overline{G^-})$ zusätzlich die Forderung gestellt, daß die Differenz $g^+ - g^-$ der Randwerte auf γ_0 selbst hölderstetig ist:

$$g^+ - g^- \in \mathscr{C}^{(0,\alpha)}(\gamma_0).$$

Setzt man in die Integranden der auf den rechten Seiten von (21), (22) stehenden Integrale zu $\mathscr{C}^{(0,\alpha)}(\overline{G^+}; \overline{G^-})$ gehörende Funktionen ein, so ergibt sich unter den Voraussetzungen (19), (20) wieder eine zu $\mathscr{C}^{(0,\alpha)}(\overline{G^+}, \overline{G^-})$ gehörende Funktion. Es genügt dabei übrigens, die Bedingung (20) jeweils für

Funktionen aus $\mathscr{C}^{(0,\alpha)}(\overline{G^+})$ bzw. aus $\mathscr{C}^{(0,\alpha)}(\overline{G^-})$ zu stellen. Durch Verwendung der Definition (24) sieht man dann, daß (20) dann auch bezüglich der Norm von $\mathscr{C}^{(0,\alpha)}(\overline{G^+}, \overline{G^-})$ gilt.

Noch zu zeigen ist, daß $\mathscr{C}^{(0,\alpha)}(\overline{G^+}; \overline{G^-})$ durch T_G und Π_G in sich abgebildet werden.

Zunächst ist

$$T_G = T_{G^+} + T_{G^-}$$

und $\mathscr{C}^{(0,\alpha)}(G^+)$ und wird durch T_{G^+} in sich abgebildet. In G^- ist die durch $T_{G^+}g$ definierte Funktion holomorph. Da $T_{G^+}g$ in der ganzen Ebene stetig ist, sind die Randwerte $(T_{G^+}g)^-$ von $T_{G^+}g$ auf γ_0 — und zwar bei Annäherung von G^- her — mit den Werten von $T_{G^+}g$ auf γ_0 selbst identisch, gehören also zu $\mathscr{C}^{(0,\alpha)}(\gamma_0)$. Für z auf $\partial G^- \backslash \gamma_0$ und ζ aus $\overline{G^+}$ haben z und ζ einen positiven Mindestabstand r_0, woraus für $z_1, z_2 \in \partial G^- \backslash \gamma_0$ mit $\|z_1 - z_2\| \leq 1$ folgt:

$$T_{G^+}g(z_2) - T_{G^+}g(z_1) = -\frac{z_2 - z_1}{\pi} \iint\limits_{G^+} \frac{g(\zeta)}{(\zeta - z_2)(\zeta - z_1)} \, d\xi \, d\eta,$$

also

$$\begin{aligned} |T_{G^+}g(z_2) - T_{G^+}g(z_1)| &\leq \frac{1}{\pi} \sup_{G^+}|g| \frac{1}{r_0^2} mG^+ |z_2 - z_1| \\ &\leq \frac{1}{\pi} \|g\|_{0,\alpha}^+ \frac{1}{r_0^2} mG^+ |z_2 - z_1|, \end{aligned} \tag{25}$$

wobei mG^+ das Maß von G^+ bedeutet. Diese Abschätzung zeigt, daß $T_{G^+}g$ auch auf dem von γ_0 verschiedenen Rand von G^- hölderstetig ist.

Zusammengefaßt ist damit gezeigt, daß $T_{G^+}g$ auf dem gesamten Rand von G^- hölderstetig ist. Wie gezeigt wurde, läßt sich die Hölder-Norm der Randwerte von $T_{G^+}g$ auf G^- dabei durch $\|g\|_{0,\alpha}^+$ abschätzen (hierbei ist noch zu beachten, daß sich auch $|T_{G^+}g|$ analog zu (25) abschätzen läßt). Wegen der Holomorphie von $T_{G^+}g$ in G^- ergibt sich durch Heranziehung des Satzes von Privalov die Hölder-Stetigkeit von $T_{G^+}g$ in ganz $\overline{G^-}$, wobei die Norm $\|T_{G^+}g\|_{0,\alpha}^-$ ebenso wie die Norm der Randwerte von $T_{G^+}g$ durch $\|g\|_{0,\alpha}^+$ abgeschätzt werden kann. Die Anwendung des Satzes von Privalov erfordert, daß der Rand von G genügend oft hölderstetig differenzierbare Parameterdarstellungen besitzt. Insgesamt läßt sich $\|T_{G^+}g\|_{0,\alpha}$ durch $\|g\|_{0,\alpha}^+$ und folglich auch durch $\|g\|_{0,\alpha}$ abschätzen.

Dieselbe Überlegung ist auch auf $T_{G^-}g$ anwendbar, so daß sich ergibt:

Es ist T_G ein beschränkter Operator, der $\mathscr{C}^{(0,\alpha)}(\overline{G^+}; \overline{G^-})$ in sich abbildet.

Alle soeben durchgeführten Überlegungen für T_G lassen sich auch für Π_G durchführen. Man hat lediglich zu beachten, daß bei Überschreiten des Randes des Integrationsgebietes die durch den Π_G-Operator definierte Bildfunktion einen Sprung besitzt (vgl. I. N. VEKUA [27]). Ist g in G^+ hölderstetig und setzt man g über γ_0 hölderstetig fort, so hat man auch für Punkte z aus einer Umgebung von γ_0, auch für solche außerhalb G^+:

$$\Pi_{G^+}g(z) = -\frac{1}{\pi}\iint\limits_{G^+}\frac{g(\zeta)-g(z)}{(\zeta-z)^2}\,d\xi\,d\eta - \frac{g(z)}{\pi}\iint\limits_{G^+}\frac{1}{(\zeta-z)^2}\,d\xi\,d\eta.$$

Der erste Summand ist eine stetige Funktion von z, da wegen der HÖLDER-Stetigkeit von g das Integral über den in G^+ liegenden Teil einer δ-Umgebung von z beliebig klein ausfällt, wenn δ hinreichend klein ist. Das zweite Integral besitzt eine stetig differenzierbare Dichte, also ist die Sprungrelation aus [27] anwendbar, so daß sich insgesamt auch im Falle einer nur hölderstetig vorausgesetzten Funktion $g \in \mathscr{C}^{(0,\alpha)}(\overline{G^+})$ ergibt:

$\Pi_{G^+}g$ springt beim Überschreiten von γ_0, wobei der Sprung im wesentlichen durch g bestimmt wird.

Diese Überlegung zeigt, daß nicht nur $(\Pi_{G^+}g)^+$, sondern auch $(\Pi_{G^+}g)^-$ auf γ_0 hölderstetig ist. Durch Wiederholung der oben für $T_{G^+}g$ durchgeführten Argumentation folgt damit zunächst die Zugehörigkeit von $\Pi_{G^+}g$ zu $\mathscr{C}^{(0,\alpha)}(\overline{G^-})$. Da auch entsprechende Abschätzungen der Hölder-Normen gelten, folgt schließlich:

Es ist Π_G ein beschränkter Operator, der $\mathscr{C}^{(0,\alpha)}(\overline{G^+};\overline{G^-})$ in sich abbildet.

Bezeichnet man das Maximum von 1 und den Normen von T_G und Π_G mit $K_1(\alpha)$, so ergibt sich[6] unter Beachtung von (18)

$$\|\Pi_G g\|_{0,\alpha} \leq \|T_G g\|_{1,\alpha} \leq K_1(\alpha)\,\|g\|_{0,\alpha}, \tag{26}$$

wobei diese Abschätzung sowohl für $\mathscr{C}^{(0,\alpha)}(G)$ als auch für $\mathscr{C}^{(0,\alpha)}(\overline{G^+};\overline{G^-})$ gilt; dabei wird

$$\|g\|_{1,\alpha} = \max\left(\|g\|^+_{1,\alpha}, \|g\|^-_{1,\alpha}\right) \tag{27}$$

definiert.

Nun betrachte man den folgenden Integraloperator $\tilde{T}$, der einem $(w, h) \in \mathscr{C}^{(0,\alpha)}(\overline{G^+};\overline{G^-})$ das Bildelement (W, H), das durch

$$W = D + \Phi_0 + T_G F(z, w, h),$$
$$H = D' + \Phi_0' + \Pi_G F(z, w, h)$$

definiert wird, zuordnet. Hierbei ist Φ_0 eine fest gewählte in G holomorphe Funktion aus $\mathscr{C}^{(1,\alpha)}(\overline{G})$. Damit auch D' zu $\mathscr{C}^{(0,\alpha)}(\overline{G^+}, \overline{G^-})$ gehört, wird d

hölderstetig differenzierbar und die Parameterdarstellung von γ_0 zweimal hölderstetig differenzierbar vorausgesetzt (vgl. I. N. VEKUA [27], Kap. I, § 3). Ist analog $(\tilde{W}, \tilde{H})$ das Bild von $(\tilde{w}, \tilde{h})$, so folgt durch Differenzbildung und Abschätzung mittels (26)

$$\| W - \tilde{W} \|_{1,\alpha} \leq K_1(\alpha) \, \| F(z, w, h) - F(z, \tilde{w}, \tilde{h}) \|_{0,\alpha},$$

$$\| H - \tilde{H} \|_{0,\alpha} \leq K_1(\alpha) \, \| F(z, w, h) - F(z, \tilde{w}, \tilde{h}) \|_{0,\alpha}.$$

Beachtet man (20), so folgt hieraus für den Abstand der Bildelemente die Abschätzung

$$\| (W, H) - (\tilde{W}, \tilde{H}) \|_{0,\alpha} \leq K_1(\alpha) \, L \, \| (w, h) - (\tilde{w}, \tilde{h}) \|_{0,\alpha}. \tag{28}$$

Falls $K_1(\alpha) \, L < 1$ ist, ist $\tilde{T}$ ein kontrahierender Operator, der den Banach-Raum $\mathscr{C}^{(0,\alpha)}(\overline{G^+}, \overline{G^-})$ in sich abbildet. Nach dem BANACHschen Fixpunktsatz existiert in $\mathscr{C}^{(0,\alpha)}(\overline{G^+}; \overline{G^-})$ ein Fixelement, also eine Lösung (w, h) des Integralgleichungssystems

$$w = D + \Phi_0 + T_G F(z, w, h),$$

$$h = D' + \Phi_0' + \Pi_G F(z, w, h). \tag{29}$$

Da der T_G-Operator eine in der ganzen Ebene stetige Funktion definiert, ist insbesondere $T_G F(z, w, h)$ längs γ_0 stetig. Daher hat w längs γ_0 dasselbe Sprungverhalten wie D, es gilt also

$$w^+ - w^- = d$$

längs γ_0. Damit hat man eine Lösung des gestellten Sprungproblems konstruiert, denn wie in 2. folgt wegen der Holomorphie von D in G^+ und in G^-, daß eine Lösung von (29) Lösung des Differentialgleichungssystems (16) ist.

Das Integralgleichungssystem (29) ist unter der Voraussetzung

$$K_1(\alpha) \, L < 1 \tag{30}$$

überhaupt eindeutig lösbar, es gibt also nur die soeben mit Hilfe des BANACHschen Fixpunktsatzes konstruierte, eindeutig bestimmte Lösung. Wäre nämlich $(\tilde{w}, \tilde{h})$ eine zweite Lösung von (29), so folgt durch Differenzbildung und Abschätzung analog zu (28)

$$\| (w, h) - (\tilde{w}, \tilde{h}) \|_{0,\alpha} \leq K_1(\alpha) \, L \, \| (w, h) - (\tilde{w}, \tilde{h}) \|_{0,\alpha}.$$

Wegen (30) ist das aber nur für $(w, h) = (\tilde{w}, \tilde{h})$ möglich, so daß die behauptete eindeutige Lösbarkeit von (29) gezeigt ist.

Ist (w, h) eine zu $\mathscr{C}^{(0,\alpha)}(\overline{G^+}; \overline{G^-})$ gehörende Lösung von (29), so gehört w stets auch zu $\mathscr{C}^{(1,\alpha)}(\overline{G^+}; \overline{G^-})$, wenn $\mathscr{C}^{(1,\alpha)}(\overline{G^+}, \overline{G^-})$ den Raum der in $\overline{G^+}$

bzw. $\overline{G^-}$ einmal hölderstetig differenzierbaren Funktionen bedeutet (die Normierung kann durch (27) erfolgen). Diese Behauptung folgt unter Beachtung von (18) unmittelbar aus der Tatsache, daß Π_G den Raum $\mathscr{C}^{(0,\alpha)}(\overline{G^+}, \overline{G^-})$ in sich abbildet.

Natürlich wird sich (w, h) ändern, wenn Φ_0 abgeändert wird. Um die Abhängigkeit der zu Φ_0 gehörenden Lösung w von (16) von Φ_0 auszudrücken, wird

$$w = \Lambda\Phi_0$$

geschrieben. Im folgenden werden Stetigkeitseigenschaften dieser Abbildung Λ untersucht.

Dazu sei $\tilde{\Phi}_0$ ein weiterer in G holomorpher Vektor aus $\mathscr{C}^{(0,\alpha)}(\overline{G})$, $(\tilde{w}, \tilde{h})$ die zugehörige Lösung von (29). Dann ist $\tilde{w}$ zunächst wieder ein Element aus $\mathscr{C}^{(1,\alpha)}(\overline{G^+}, \overline{G^-})$. Durch Differenzbildung folgt aus (29) und der entsprechenden Gleichung für $(\tilde{w}, \tilde{h})$

$$\begin{aligned} w - \tilde{w} &= \Phi_0 - \tilde{\Phi}_0 + T_G(F(z, w, h) - F(z, \tilde{w}, \tilde{h})), \\ h - \tilde{h} &= \Phi_0' - \tilde{\Phi}_0' + \Pi_G(F(z, w, h) - F(z, \tilde{w}, \tilde{h})). \end{aligned} \tag{31}$$

Für die $(0, \alpha)$-Normen bzw. die $(1, \alpha)$-Normen folgt bei Verwendung der Dreiecksungleichung hieraus

$$\begin{aligned} \|w - \tilde{w}\|_{1,\alpha} &\leq \|\Phi_0 - \tilde{\Phi}_0\|_{1,\alpha} + K_1(\alpha)\, L\, \|(w, h) - (\tilde{w}, \tilde{h})\|_{0,\alpha}, \\ \|h - \tilde{h}\|_{0,\alpha} &\leq \|\Phi_0' - \tilde{\Phi}_0'\|_{0,\alpha} + K_1(\alpha)\, L\, \|(w, h) - (\tilde{w}, \tilde{h})\|_{0,\alpha}. \end{aligned} \tag{32}$$

Setzt man zur Abkürzung

$$K_1(\alpha)\, L = \varkappa,$$

so ist $\varkappa < 1$, und aus der ersten Abschätzung (32) folgt

$$\begin{aligned} \|w - \tilde{w}\|_{1,\alpha} &\leq \|\Phi_0 - \tilde{\Phi}_0\|_{1,\alpha} + \varkappa\, \|(w, h) - (\tilde{w}, \tilde{h})\|_{0,\alpha} \\ &\leq \|\Phi_0 - \tilde{\Phi}_0\|_{1,\alpha} + \varkappa\, \|w - \tilde{w}\|_{1,\alpha}. \end{aligned} \tag{33}$$

Löst man (31) nach $\Phi_0 - \tilde{\Phi}_0$ auf, so folgt durch eine analoge Abschätzung

$$\begin{aligned} \|\Phi_0 - \tilde{\Phi}_0\|_{1,\alpha} &\leq \|w - \tilde{w}\|_{1,\alpha} + \varkappa\, \|(w, h) - (\tilde{w}, \tilde{h})\|_{0,\alpha} \\ &\leq (1 + \varkappa)\, \|w - \tilde{w}\|_{1,\alpha}. \end{aligned} \tag{34}$$

Aus (33) und (34) zusammengenommen folgt

$$\frac{1}{1 + \varkappa}\, \|\Phi_0 - \tilde{\Phi}_0\|_{1,\alpha} \leq \|w - \tilde{w}\|_{1,\alpha} \leq \frac{1}{1 + \varkappa}\, \|\Phi_0 - \tilde{\Phi}_0\|_{1,\alpha}. \tag{35}$$

Der rechte Teil der Abschätzung (35) zeigt, daß Λ stetig ist. Wie man aus (29) durch Auflösung nach Φ_0 abliest, ist Λ eindeutig umkehrbar. Der linke Teil von (35) zeigt dann, daß Λ^{-1} stetig ist. Demnach gilt, wenn $\mathscr{H}_0$ alle zu $\mathscr{C}^{(1,\alpha)}(\overline{G})$ gehörenden holomorphen Funktionen und $\mathscr{W}$ alle zu $\mathscr{C}^{(1,\alpha)}(\overline{G^+}; \overline{G^-})$ gehörenden Lösungen des gestellten Sprungproblems

$$w^+ - w^- = d \text{ auf } \gamma_0$$

bezeichnen:

Satz 1. Es gibt eine eineindeutige Abbildung Λ von $\mathscr{H}_0$ auf $\mathscr{W}$, die bezüglich der Metrik von $\mathscr{C}^{(1,\alpha)}(\overline{G^+}; \overline{G^-})$ topologisch ist. Die Menge $\mathscr{W}$ stellt die allgemeine Lösung des Sprungproblems bei den Differentialgleichungen (16) *dar.*

Nach Satz 1 hat dieses Sprungproblem ebenso viele Lösungen, wie es holomorphe Funktionen gibt.

Beachtet man, daß eine auf γ_0 stetige und außerhalb γ_0 holomorphe Funktion auch auf γ_0 holomorph ist, so sieht man, daß durch

$$D + \Phi_0, \quad \Phi_0 \in \mathscr{H}_0,$$

die allgemeinste holomorphe Lösung des Sprungproblems bei fest vorgegebenem Sprung d gegeben wird. Bezeichnet man mit $\mathscr{H}$ die Menge aller außerhalb γ_0 holomorphen Funktionen mit dem vorgeschriebenen Sprungverhalten auf γ_0, so kann man Satz 1 auch folgendermaßen formulieren: Es gibt eine eineindeutige Abbildung von $\mathscr{H}$ auf $\mathscr{W}$. Faßt man die gegenseitige Zuordnung von Φ und w als Abbildung der (Φ, Φ') auf die $(w, \frac{\partial w}{\partial z})$ auf, so ist diese eineindeutige Abbildung topologisch bezüglich der Metrik von $\mathscr{C}^{(0,\alpha)}(\overline{G^+}; \overline{G^-})$.

Abschließend sei noch eine Bemerkung bezüglich der Voraussetzung (20) gemacht. Es soll nämlich angenommen werden, daß diese Lipschitz-Bedingung im Raum $\mathscr{C}^{(0,\alpha)}(\overline{G})$ bzw. $\mathscr{C}^{(0,\alpha)}(\overline{G^+}; \overline{G^-})$ der hölderstetigen bzw. stückweise hölderstetigen Funktionen nicht für alle (w, h), sondern nur für solche mit

$$\|(w, h) - (D, D')\|_{0,\alpha} \leq R$$

gilt. Unter Verwendung von (20) folgt dann

$$\begin{aligned}\|F(z, w, h)\|_{0,\alpha} &\leq \|F(z, w, h) - F(z, D, D')\|_{0,\alpha} + \|F(z, D, D')\|_{0,\alpha} \\ &\leq LR + \|F(z, D, D')\|_{0,\alpha}.\end{aligned}$$

Damit folgt für das Bildelement (W, H) bei der Abbildung durch $\tilde{T}$ die folgende Abschätzung:

$$\| W - D\|_{0,\alpha} \leq \|\Phi_0\|_{0,\alpha} + K_1(\alpha)\, LR + K_1(\alpha)\, \| F(z, D, D')\|_{0,\alpha},$$

$$\| H - D'\|_{0,\alpha} \leq \|\Phi_0'\|_{0,\alpha} + K_1(\alpha)\, LR + K_1(\alpha)\, \| F(z, D, D')\|_{0,\alpha}.$$

Hieraus liest man sofort ab:

Ist

$$K_1(\alpha)\, LR + K_1(\alpha)\, \| F(z, D, D')\|_{0,\alpha} \leq R, \tag{36}$$

so wird die Kugel

$$\{(w, h) \in \mathscr{C}^{(0,\alpha)}\, (\overline{G+}; \overline{G-}) \colon \| (w, h) - (D, D')\|_{0,\alpha} \leq R\} \tag{37}$$

in sich abgebildet, wenn man nur solche Φ_0 zuläßt, für die

$$\|\Phi_0\|_{1,\alpha} \leq R - K_1(\alpha)\, LR - K_1(\alpha)\, \| F(z, D, D')\|_{0,\alpha} \tag{38}$$

ist.

Man kann dann den BANACHschen Fixpunktsatz auf den Operator $\tilde{T}$ in der Kugel (37) anwenden und erhält zu allen Φ_0, die der Bedingung (38) genügen, eine Lösung der Integralgleichung (29). Da Konvergenz in der Metrik des Raumes der hölderstetigen Funktionen insbesondere gleichmäßige Konvergenz bedeutet, werden auch Betrag und HÖLDER-Konstante einer konvergenten Folge in der Kugel (37) durch R majorisiert, so daß sich die Kugel (37) als abgeschlossen ergibt.

Der bewiesene Satz 1 enthält als Spezialfall die Konstruktion der allgemeinen Lösung ohne Sprung; dazu braucht nur $d = 0$ gesetzt zu werden[7]. In diesem Fall ist $D = 0$ eine spezielle holomorphe Funktion mit demselben Sprungverhalten. Die Kugel (37) hat dann den Mittelpunkt $(0, 0)$. Über die rechte Seite der Differentialgleichung (16) werde nun zusätzlich

$$F(z, o, o) = 0$$

für alle z vorausgesetzt, d.h., die Differentialgleichung sei homogen. Dann ist die Voraussetzung (36) mit (30) identisch. Die Einschränkung (38) an die Φ_0 ergibt dann

$$\|\Phi_0\|_{1,\alpha} \leq R(1 - K_1(\alpha)\, L),$$

d.h., sie ist unter der Voraussetzung (30) immer erfüllbar.

Im folgenden werden spezielle Lösungen des Sprungproblems gelöst, nämlich solche, die auf dem Rand von G ein vorgeschriebenes Randverhalten zeigen. Das zu betrachtende Sprung-Randwert-Problem für ein (beschränktes) Gebiet G der z-Ebene lautet dann, wenn γ_0 eine geschlossene, ganz in G verlaufende Kurve bedeutet:

a) Längs γ_0 hat w einen vorgegebenen Sprung

$$w^+ - w^- = d. \tag{39}$$

b) Ist z_0 ein festgewählter Punkt des Randes ∂G, so soll w die Randbedingungen

$$\operatorname{Re} w = g \text{ auf } \partial G, \quad \operatorname{Im} w[z_0] = (0, \ldots, 0) \tag{40}$$

erfüllen.

Die Randwerte g, der vorgegebene Sprung d und die Darstellungen von ∂G und γ_0 müssen genügend oft hölderstetig differenzierbar sein. Weiter soll G einfach zusammenhängend sein[8].

Zunächst wird das Sprung-Randwert-Problem (39), (40) für holomorphe Funktionen gelöst. Die Lösung sei Ψ; sie ist eindeutig bestimmt, da das Randwertproblem (40) für holomorphe Funktionen eindeutig lösbar ist. Für holomorphe Funktionen kann man — wie immer im Fall linearer Differentialgleichungen — die Lösung des Sprung-Randwert-Problems additiv aus einer Lösung des Sprungproblems und einer Lösung des Randwertproblems zusammensetzen. Die Lösung des Sprung-Randwert-Problems kann im Holomorphiefall dann einfach so erfolgen: Durch ein Kurvenintegral Ψ_1 mit CAUCHY-Singularität wird zunächst der vorgegebene Sprung erfaßt; wählt man Ψ_2 als holomorphe Funktion mit den Randwerten

$$\operatorname{Re} \Psi_2 = g - \operatorname{Re} \Psi_1 \text{ auf } \partial G,$$

$$\operatorname{Im} \Psi_2(z_0) = -\operatorname{Im} \Psi_1(z_0),$$

so ist $\Psi = \Psi_1 + \Psi_2$ die gesuchte Lösung.

Bei geeigneten Voraussetzungen über g, d ist $\Psi \in \mathscr{C}^{(1,\alpha)}(\overline{G^+}; \overline{G^-})$. Die Zahl ϱ werde nun so gewählt, daß

$$\|\Psi\|_{1,\alpha} \leq \varrho$$

ist. Die Norm $\|\Psi\|_{1,\alpha}$ kann leicht mit Hilfe der Normen von d und g abgeschätzt werden. Durch eine solche Abschätzung, die hier übergangen werden soll, erhält man eine untere Schranke für mögliche Werte von ϱ.

Zu beliebigem $(w, h) \in \mathscr{C}^{(0,\alpha)}(\overline{G^+}; \overline{G^-})$ sei $\Phi_{(w,h)}$ eine holomorphe Funktion mit den Randwerten

$$\begin{aligned} \operatorname{Re} \Phi_{(w,h)} &= -\operatorname{Re} T_G F(z, w, h) \text{ auf } \partial G, \\ \operatorname{Im} \Phi_{(w,h)}[z_0] &= -\operatorname{Im} T_G F(z, w, h)\,[z_0]. \end{aligned} \tag{41}$$

Da $T_G F(z, w, h)$ keinen Sprung längs γ_0 hat — selbst dann, wenn für (w, h) ein Sprung längs γ_0 zugelassen wird — ist

$$\Phi_{(w,h)} + T_G F(z, w, h)$$

stets längs γ_0 eindeutig. Folglich hat

$$\Psi + \Phi_{(w,h)} + T_G F(z, w, h) \tag{42}$$

längs γ_0 das vorgegebene Sprungverhalten. Nach Wahl der Randwerte von Ψ und $\Phi_{(w,h)}$ hat die Funktion (42) aber andererseits das durch (40) beschriebene Randverhalten.

Der Integraloperator $\hat{T}$ werde wie folgt definiert: Der Funktion $(w, h) \in \mathscr{C}^{(0,\alpha)}(\overline{G^+}; \overline{G^-})$ werde zugeordnet (W, H), wobei

$$W = \Psi + \Phi_{(w,h)} + T_G F(z, w, h), \tag{43}$$

$$H = \Psi' + \Phi'_{(w,h)} + \Pi_G F(z, w, h) \tag{44}$$

sei[9]. Das Bild (W, H) liegt wieder in $\mathscr{C}^{(0,\alpha)}(\overline{G^+}; \overline{G^-})$. Um dies einzusehen, braucht man nur zu beachten, daß $\Phi_{(w,h)}$ zu $\mathscr{C}^{(1,\alpha)}(\overline{G})$ gehört: Zunächst bildet T_G den Raum $\mathscr{C}^{(0,\alpha)}(\overline{G^+}; \overline{G^-})$ in sich ab. Da

$$\frac{\partial}{\partial z^*} T_G F(z, w, h) = F(z, w, h)$$

ist, gehört auch

$$\frac{\partial}{\partial z^*} T_G F(z, w, h)$$

zu $\mathscr{C}^{(0,\alpha)}(\overline{G^+}; \overline{G^-})$. Schließlich ist

$$\frac{\partial}{\partial z} T_G F(z, w, h) = \Pi_G F(z, w, h) \in \mathscr{C}^{(0,\alpha)} (\overline{G^+}; \overline{G^-}),$$

so daß insgesamt

$$T_G F(z, w, h) \in \mathscr{C}^{(1,\alpha)}(\overline{G^+}; \overline{G^-})$$

gezeigt ist. Wegen der hölderstetigen Differenzierbarkeit der Randwerte von $\Phi_{(w,h)}$ ist dann aber auch $\Phi_{(w,h)} \in \mathscr{C}^{(0,\alpha)}(\overline{G})$.

Bei dieser Schlußweise wurde Gebrauch gemacht vom Satz von Privalov, nach dem aus der hölderstetigen Differenzierbarkeit der Randwerte des Realteils einer holomorphen Funktion die Hölder-Stetigkeit der holomorphen Funktion und ihrer Ableitung im Abschluß des Gebietes folgen. Der Satz von PRIVALOV liefert gleichzeitig aber noch eine Abschätzung der HÖLDER-Normen:

Ist Φ in G holomorph und Lösung des Randwertproblems

$$\operatorname{Re} \Phi = \tilde{g} \text{ auf } \partial G,$$

$$\operatorname{Im} \Phi[z_0] = c = (c_1, \ldots, c_n),$$

wobei $\tilde{g} \in \mathscr{C}^{(1,\alpha)}(\partial G)$ sei, so ist $\Phi \in \mathscr{C}^{(1,\alpha)}(\overline{G})$, und es gilt

$$\|\Phi\|_{1,\alpha} \leq K_2(\alpha) \|\tilde{g}\|_{1,\alpha,\partial G} + \max_j |c_j|. \tag{45}$$

Die HÖLDER-Norm auf der rechten Seite bezieht sich auf den Raum der auf ∂G definierten hölderstetig differenzierbaren Funktionen (die Ableitung bezieht sich dabei etwa auf den Bogenlängenparameter).

Die Abschätzung (45) wird im folgenden verwendet, um die $(1, \alpha)$-Norm von $\Phi_{(w,h)}$ abzuschätzen. Dabei beachte man, daß nach (41) die Randwerte von $\Phi_{(w,h)}$ durch $T_G F(z, w, h)$ festgelegt werden. Sowohl die $(1, \alpha)$-Norm von $\operatorname{Re} F(z, w, h)$ als auch das Supremum von $\operatorname{Im} F(z, w, h)$ lassen sich durch $\| T_G F(z, w, h)\|_{1,\alpha}$ abschätzen, so daß sich nach (45) und (26) sofort

$$\begin{aligned} \|\Phi_{(w,h)}\|_{1,\alpha} &\leq (K_2(\alpha) + 1) \| T_G F(z, w, h)\|_{1,\alpha} \\ &\leq (K_2(\alpha) + 1) K_1(\alpha) \| F(z, w, h)\|_{0,\alpha} \end{aligned} \tag{46}$$

ergibt.

Über die rechte Seite $F(z, w, h)$ der Differentialgleichung (16) werden wieder die Voraussetzungen (19), (20) gemacht. Da es sich bei der Lösung des Sprung-Randwert-Problems um die Bestimmung einer speziellen Lösung handelt, genügt es — ohne die Allgemeinheit zu beschränken — diese Voraussetzungen in einer solchen Teilmenge von $\mathscr{C}^{(0,\alpha)}(\overline{G^+}; \overline{G^-})$ zu stellen, in der die gesuchte Lösung notwendig liegen muß. Und zwar werde die Kugel

$$\mathscr{K}_R = \{(w, h) \in \mathscr{C}^{(0,\alpha)}(\overline{G^+}; \overline{G^-}) : \| (w, h)_{0,\alpha}\| \leq R\}$$

betrachtet. Die Voraussetzung (20) braucht nur für Elemente (w, h) und $(\tilde{w}, \tilde{h})$ dieser Kugel erfüllt zu sein. Insbesondere braucht die rechte Seite $F(z, w, h)$ überhaupt nur für (konstante) w, h mit

$$|w_j| \leq R, \; |h_j| \leq R \tag{47}$$

definiert zu sein. Weiter braucht auch (19) nur für die durch (47) eingeschränkten (w, h)-Werte zu gelten. Insbesondere ist $F(z, o, o)$ definiert. Es sei

$$\| F(z, o, o)\|_{0,\alpha} = \varrho_0.$$

Dann erhält man für $(w, h) \in \mathscr{K}_R$ bei gleichzeitiger Verwendung der Voraussetzung (20) die Abschätzung

$$\begin{aligned}\|F(z, w, h)\|_{0,\alpha} &\leq \|F(z, w, h) - F(z, o, o)\|_{0,\alpha} + \|F(z, o, o)\|_{0,\alpha} \\ &\leq L \|(w, h)\|_{0,\alpha} + \varrho_0 \\ &\leq LR + \varrho_0,\end{aligned}$$

so daß sich (46) für $(w, h) \in \mathscr{K}_R$ zu der Abschätzung

$$\|\Phi_{(w,h)}\|_{0,\alpha} \leq (K_2(\alpha) + 1)\, K_1(\alpha)\, (LR + \varrho_0)$$

konkretisiert. Aus (26) folgt analog für $(w, h) \in \mathscr{K}_R$

$$\|\Pi_G F(z, w, h)\|_{0,\alpha} \leq \|T_G F(z, w, h)\|_{1,\alpha} \leq K_1(\alpha)\, (LR + \varrho_0).$$

Insgesamt erhält man nach (43), (44) für den Integraloperator $\hat{T}$ die Abschätzung

$$\begin{aligned}\|W - \Psi\|_{0,\alpha} &\leq (K_2(\alpha) + 2)\, K_1(\alpha)\, (LR + \varrho_0), \\ \|H - \Psi'\|_{0,\alpha} &\leq (K_2(\alpha) + 2)\, K_1(\alpha)\, (LR + \varrho_0),\end{aligned}$$

zusammengefaßt daher

$$\|(W, H) - (\Psi, \Psi')\|_{0,\alpha} \leq K_1(\alpha)\, (2 + K_2(\alpha))\, (LR + \varrho_0)$$

und

$$\|(W, H)\|_{0,\alpha} \leq \|(\Psi, \Psi')\|_{0,\alpha} - \|(W, H) - (\Psi, \Psi')\|_{0,\alpha}.$$

Beachtet man, daß wegen der Holomorphie von Ψ

$$\|(\Psi, \Psi')\|_{0,\alpha} = \|\Psi\|_{1,\alpha} \leq \varrho$$

gilt, so folgt schließlich

$$\|(W, H)\|_{0,\alpha} \leq \varrho + K_1(\alpha)\, (2 + K_2(\alpha))\, (LR + \varrho_0).$$

Hieraus liest man ab, daß $\hat{T}$ die Kugel in sich abbildet, wenn die Zahlen L, ϱ, ϱ_0 und R der Relation

$$\varrho + K_1(\alpha)\, (2 + K_2(\alpha))\, (LR + \varrho_0) \leq R$$

genügen. Bei gegebenen ϱ, ϱ_0 und R liefert das für L die Einschränkung

$$K_1(\alpha)\, (2 + K_2(\alpha))\, L \leq 1 - \frac{\varrho}{R} - \frac{\varrho_0}{R} K_1(\alpha)\, (2 + K_2(\alpha)), \tag{48}$$

eine Forderung, die einschneidender ist als die Bedingung (30), die zur Konstruktion der allgemeinen Lösung erforderlich war. Sie ist überhaupt nur erfüllbar, wenn

$$R > \varrho + \varrho_0 K_1(\alpha)\, (2 + K_2(\alpha)) \tag{49}$$

ist. Dies stellt eine Abschätzung des Mindest-Radius einer Kugel um (o, o) dar, in der die rechte Seite $F(z, w, h)$ definiert sein und die Bedingungen (19), (20) erfüllen muß, damit mit der hier verwendeten Methode überhaupt eine Lösung des Randwertproblems erwartet werden kann. Von (49) sei noch ein Spezialfall hervorgehoben: Die Differentialgleichung sei homogen, d.h., es sei

$$F(z, o, o) = 0$$

für alle z. Dann ist $\varrho_0 = 0$, und die Bedingung (49) geht in

$$R > \varrho$$

über.

Im folgenden werde angenommen, daß die Bedingung (48) erfüllt sei. Dann läßt sich zeigen, daß der Operator $\hat{T}$ in $\mathcal{K}_R$ stets auch kontrahierend ist. Um dies einzusehen, seien (w, h) und $(\tilde{w}, \tilde{h})$ zwei Elemente aus $\mathcal{K}_R$, (W, H) und $(\tilde{W}, \tilde{H})$ die zugehörigen Bildelemente. Aus der Definition (43), (44) von $\hat{T}$ folgt durch Differenzbildung

$$\begin{aligned} W - \tilde{W} &= (\Phi_{(w,h)} - \Phi_{(\tilde{w},\tilde{h})}) + T_G(F(z, w, h) - F(z, \tilde{w}, \tilde{h})), \\ H - \tilde{H} &= (\Phi'_{(w,h)} - \Phi'_{(\tilde{w},\tilde{h})}) + \Pi_G(F(z, w, h) - F(z, \tilde{w}, \tilde{h})). \end{aligned} \tag{50}$$

Bei Beachtung von (26) ergibt sich aus der Voraussetzung (20) für die Hölder-Norm der zweiten Summanden auf den rechten Seiten von (50)

$$\begin{aligned} &\|\Pi_G(F(z, w, h) - F(z, \tilde{w}, \tilde{h}))\|_{0,\alpha} \\ &\qquad \leq \|T_G(F(z, w, h) - F(z, \tilde{w}, \tilde{h}))\|_{1,\alpha} \\ &\qquad \leq K_1(\alpha)\, L\, \|(w, h) - (\tilde{w}, \tilde{h})\|_{0,\alpha}. \end{aligned} \tag{51}$$

Andererseits ist $\Phi_{(w,h)} - \Phi_{(\tilde{w},\tilde{h})}$ holomorphe Funktion, die durch die Randbedingungen

$$\begin{aligned} \mathrm{Re}[\Phi(w, h) - \Phi(\tilde{w}, \tilde{h})] &= -\mathrm{Re}[T_G(F(z, w, h) - F(z, \tilde{w}, \tilde{h}))] \text{ auf } \partial G, \\ \mathrm{Im}[\Phi(w, h) - \Phi(\tilde{w}, \tilde{h})]\,(z_0) &= -\mathrm{Im}[T_G(F(z, w, h) - F(z, \tilde{w}, \tilde{h}))]\,(z_0) \end{aligned}$$

festgelegt ist. Beachtet man neben (51) noch den Satz von Privalov (45), so folgt

$$\begin{aligned} &\|\Phi_{(w,h)} - \Phi_{(\tilde{w},\tilde{h})}\|_{0,\alpha} \\ &\qquad \leq (1 + K_2(\alpha))\, K_1(\alpha)\, \|(w, h) - (\tilde{w}, \tilde{h})\|_{0,\alpha}. \end{aligned} \tag{52}$$

Bei Beachtung der zwei Abschätzungen (51) und (52) folgt dann aber aus (50) die gesuchte Abschätzung

$$\|(W,H) - (\tilde{W},\tilde{H})\|_{0,\alpha} \leq K_1(\alpha)\,(2 + K_2(\alpha))\, \|(w, h) - (\tilde{w}, \tilde{h})\|_{0,\alpha} \tag{53}$$

für den Abstand der Bildelemente. Aus der Voraussetzung (48) ergibt sich

$$K_1(\alpha)\,(2 + K_2(\alpha))\,L < 1\,, \tag{54}$$

so daß sich $\hat{T}$ als kontrahierender Operator erweist[10]. Die Kugel $\mathscr{K}_R$ ist wieder abgeschlossen (denn es ist $|w_j| \leq R$, $|h_j| \leq R$, $|w_j(z_2) - w_j(z_1)| \leq R\,|z_2 - z_1|^\alpha$ und $|h_j(z_2) - h_j(z_1)| \leq R\,|z_2 - z_1|^\alpha$ für Elemente aus $\mathscr{K}_R$; andererseits bleiben diese Ungleichungen auch für die Grenzfunktion einer Folge aus $\mathscr{K}_R$ erhalten, da Konvergenz bezüglich der Hölder-Norm die punktweise Konvergenz impliziert). Folglich kann der Banachsche Fixpunktsatz angewandt werden. Er liefert die Existenz genau eines Fixelementes von $\hat{T}$ in $\mathscr{K}_R$. Für das Fixelement gilt $W = w$, $H = h$, so daß dann aus (43) durch Differentiation nach z bzw. z^* folgt, daß das konstruierte Fixelement Lösung der Differentialgleichung (16) ist. Wegen des Übereinstimmens von (42) mit w ist w Lösung des gestellten Sprung-Randwert-Problems (39), (40).

Es bleibt noch zu überlegen, ob außer dieser nach dem Banachschen Fixpunktsatz existierenden Lösung noch weitere Lösungen in $\mathscr{K}_R$ existieren können.

Dazu sei w die mit Hilfe des Banachschen Fixpunktsatzes konstruierte Lösung, $\tilde{w}$ eine weitere. Setzt man $\tilde{h} = \dfrac{\partial \tilde{w}}{\partial z}$ analog zu $h = \dfrac{\partial w}{\partial z}$, so sei $(\tilde{w}, \tilde{h}) \in \mathscr{K}_R$. Weiter wird

$$\begin{aligned} \Phi &= w - T_G F(z, w, h)\,, \\ \tilde{\Phi} &= \tilde{w} - T_G F(z, \tilde{w}, \tilde{h}) \end{aligned} \tag{55}$$

definiert. Wegen der eindeutigen Lösbarkeit des Sprung-Randwert-Problems für holomorphe Funktionen ergibt sich hieraus, wenn Ψ und $\Phi_{(w,h)}$ wie oben definiert werden:

$$\begin{aligned} \Phi &= \Psi + \Phi_{(w,h)}\,, \\ \tilde{\Phi} &= \Psi + \Phi_{(\tilde{w},\tilde{h})}\,. \end{aligned}$$

Bildet man daher von den beiden Gleichungen (55) die Differenz und differenziert anschließend partiell nach z, so erhält man

$$\begin{aligned} w - \tilde{w} &= (\Phi_{(w,h)} - \Phi_{(\tilde{w},\tilde{h})}) + T_G(F(z, w, h) - F(z, \tilde{w}, \tilde{h})) \\ h - \tilde{h} &= (\Phi'_{(w,h)} - \Phi'_{(\tilde{w},\tilde{h})}) + \Pi_G(F(z, w, h) - F(z, \tilde{w}, \tilde{h}))\,. \end{aligned}$$

Diese Gleichungen haben dieselbe Form wie (50), also gilt auch die Abschätzung (53), die hier die Gestalt

$$\|(w, h) - (\tilde{w}, \tilde{h})\|_{0,\alpha} \leq K_1(\alpha)\,(2 + K_2(\alpha))\,L\,\|(w, h) - (\tilde{w}, \tilde{h})\|_{0,\alpha}$$

annimmt. Wegen (54) kann eine solche Abschätzung aber nur für $w = \tilde{w}$ bestehen.

Zusammengefaßt ist damit gezeigt:

Satz 2. Die rechte Seite $F(z, w, h)$ der Differentialgleichung

$$\frac{\partial w}{\partial z^*} = F\left(z, w, \frac{\partial w}{\partial z}\right)$$

genüge in der Kugel $\mathcal{K}_R$ den Voraussetzungen (19), (20), *wobei die Hölder-Lipschitz-Konstante L die Abschätzung* (48) *zulasse. Dann gibt es (in $\mathcal{K}_R$) genau eine Lösung w des Sprung-Randwert-Problems*

$$w^+ - w^- = d \text{ auf } \gamma_0,$$
$$\operatorname{Re} w = g \text{ auf } \partial G, \quad \operatorname{Im} w[z_0] = 0.$$

4. Schlußbemerkungen über gegenwärtige Entwicklungstendenzen der komplexen Analysis

In der komplexen Analysis — zumindest dann, wenn sie als Methode zur Behandlung partieller Differentialgleichungen aufgefaßt wird — lassen sich in der bisherigen Entwicklung drei Etappen unterscheiden (vgl. [16]):

Die erste Etappe ist die der klassischen Funktionentheorie. Erfaßt wird dadurch das Cauchy-Riemannsche Differentialgleichungssystem bzw. die Laplacesche Differentialgleichung (in der Ebene). Die eigenständige Entwicklung der klassischen Funktionentheorie ist vor allem auch dem Umstand zu danken, daß in ihr Probleme mit partiellen Differentiationen auf Probleme mit gewöhnlichen Differentiationen (nach der einen komplexen Variablen z) zurückgeführt wurden.

Die zweite Entwicklungsetappe besteht in der komplexen Behandlung linearer partieller Differentialgleichungssysteme (erster Ordnung bzw. linearer Differentialgleichungen zweiter Ordnung). Grundlage dieser Etappe ist die Vekuasche Theorie „verallgemeinerter analytischer" Funktionen bzw. die Berssche Theorie „pseudoanalytischer" Funktionen. Soweit es sich um Systeme erster Ordnung (für u, v bzw. Differentialgleichungen zweiter Ordnung für eine reellwertige Funktion u) handelt, kann diese Theorie in ihren Grundzügen als abgeschlossen betrachtet werden. Zur komplexen Behandlung linearer Differentialgleichungen gehört ferner die Methode der Bergmannschen Integraloperatoren (vgl. S. Bergman [4], R. P. Gilbert [9]).

Die komplexe Behandlung nichtlinearer Differentialgleichungen bzw. nichtlinearer Differentialgleichungssysteme erfolgte bisher noch nicht in derselben abschließenden Breite, wie das im wesentlichen für den linearen

Fall zutrifft. Wie die Behandlung des DIRICHLETschen Randwertproblems in [25] bzw. die Behandlung des Sprung-Randwert-Problems in der vorliegenden Arbeit zeigt, bedeutet es bei der Anwendung komplexer Methoden keine wesentliche Veränderung des Schwierigkeitsgrades, ob das Problem linear oder nichtlinear ist[11].

Da einerseits die (komplexen) methodischen Hilfsmittel bereitstehen, andererseits viele besonders für die Anwendungen wichtige nichtlineare Problemstellungen noch nicht mit komplexen Methoden, teilweise überhaupt noch nicht behandelt wurden, sollten in einer jetzt zu gestaltenden dritten Entwicklungsetappe der komplexen Analysis insbesondere nichtlineare Differentialgleichungsprobleme behandelt werden.

In allen Entwicklungsetappen hat die komplexe Analysis zwei Aspekte: die Untersuchung qualitativer Eigenschaften gegebener Lösungen und die konstruktive Gewinnung von Lösungen. Das Wesen konstruktiver Methoden der komplexen Analysis besteht darin, einen Operator zu konstruieren, der holomorphe Funktionen in Lösungen transformiert.

Bei der Untersuchung qualitativer Eigenschaften gegebener Lösungen besteht ein wichtiger Gesichtspunkt darin, für die gegebenen Lösungen Darstellungen zu finden, in die holomorphe Funktionen eingehen. Dadurch gelingt oft der Nachweis, daß Besonderheiten holomorpher Funktionen auch zutreffen auf Lösungen allgemeinerer Differentialgleichungen als es das CAUCHY-RIEMANNsche System ist. Hierbei zeigt es sich nun, daß zur Herleitung qualitativer Aussagen das Bestehen partieller komplexer Differentialungleichungen im allgemeinen ausreichend ist.

Durch Aufspaltung in einen holomorphen und einen von Null verschiedenen Faktor sieht man beispielsweise, daß — selbst im Fall mehrerer komplexer Variabler — das Nullstellengebilde eine analytische Menge ist, wenn w Lösung eines gewissen partiellen komplexen Differentialungleichungssystems ist (vgl. [23][12]).

Schließlich soll noch auf folgende weitere Fragestellungen hingewiesen werden:

a) Sind anstelle der DIRICHLETschen andere Randbedingungen vorgegeben, so erhält man durch die besprochene komplexe Methode ein analoges Randwertproblem für holomorphe Funktionen.

b) Behandelt man Systeme erster Ordnung, in die eine Parameterfunktion eingeht, so erhält man zur Charakterisierung derjenigen Lösung, die ein vorgegebenes Funktional minimiert, Optimalitätskriterien, die Verallgemeinerungen des Pontrjaginschen Maximumprinzips darstellen (vgl. [21, 26]).

c) Im Mittelpunkt dieser Arbeit standen Systeme erster Ordnung. Ergänzend soll dazu bemerkt werden, daß sich Differentialgleichungen höherer Ordnung in vielen Fällen auf Systeme erster Ordnung zurückführen lassen. Zur Veranschaulichung soll dies für einige Differentialgleichungen zweiter Ordnung gezeigt werden:

Ist die Differentialgleichung

$$\Delta u + a \frac{\partial u}{\partial x} + b \frac{\partial u}{\partial y} = 0$$

gegeben, so gewinnt man durch den Ansatz

$$\frac{\partial u}{\partial x} = v_1, \quad \frac{\partial u}{\partial y} = v_2$$

für v_1, v_2 das System

$$\frac{\partial v_1}{\partial x} + \frac{\partial v_2}{\partial y} + a v_1 + b v_2 = 0,$$

$$\frac{\partial v_1}{\partial y} - \frac{\partial v_2}{\partial x} = 0.$$

Ist u gegebene reellwertige Lösung einer Differentialgleichung mit Absolutglied,

$$\Delta u + a \frac{\partial u}{\partial x} + b \frac{\partial u}{\partial y} + c u = 0,$$

so gewinnt man für die komplexwertige Funktion

$$w = \alpha u + \frac{\partial u}{\partial z}$$

eine Differentialgleichung der Form

$$\frac{\partial w}{\partial z^*} + A(z)\, w + B(z)\, w^* = 0,$$

falls die Hilfsfunktion α geeignet gewählt wird (vgl. [24]). Im Fall des identischen Verschwindens aller Koeffizienten a, b, c kann $\alpha \equiv 0$ gewählt werden, und w wird holomorph.

Hat die gegebene Differentialgleichung Divergenzform,

$$\frac{\partial}{\partial x}\left(f_1\left(x, y, u, \frac{\partial u}{\partial x}, \frac{\partial u}{\partial y}\right)\right) + \frac{\partial}{\partial y}\left(f_2\left(x, y, u, \frac{\partial u}{\partial x}, \frac{\partial u}{\partial y}\right)\right) = 0,$$

so erhält man unmittelbar das System

$$\frac{\partial v}{\partial y} = f_1\left(x, y, u, \frac{\partial u}{\partial x}, \frac{\partial u}{\partial y}\right),$$

$$-\frac{\partial v}{\partial x} = f_2\left(x, y, u, \frac{\partial u}{\partial x}, \frac{\partial u}{\partial y}\right).$$

Tritt in der Differentialgleichung u nicht explizit auf, hat die Differentialgleichung also die Gestalt

$$F\left(x, y, \frac{\partial u}{\partial x}, \frac{\partial u}{\partial y}, \frac{\partial^2 u}{\partial x^2}, \frac{\partial^2 u}{\partial x \partial y}, \frac{\partial^2 u}{\partial y^2}\right) = 0,$$

so führt der Ansatz

$$\frac{\partial u}{\partial x} = v_1, \quad \frac{\partial u}{\partial y} = v_2$$

auf das System

$$F\left(x, y, v_1, v_2 \frac{\partial v_1}{\partial x}, \frac{\partial v_1}{\partial y}, \frac{\partial v_2}{\partial y}\right) = 0,$$

$$\frac{\partial v_1}{\partial y} - \frac{\partial v_2}{\partial x} = 0.$$

d) Am Rande sei noch bemerkt, daß der hier dargestellten Entwicklung der allgemeinen komplexen Analysis auch auflösungstheoretische Analoga entsprechen. Zunächst bewies M. B. Balk eine Verallgemeinerung des Fundamentalsatzes der Algebra, insbesondere für Polynome in z und z^*. Von W. Heinz [11] stammt ein Verfahren, die Bestimmung der isolierten Nullstellen eines Polynoms in z, z^* auf die Bestimmung der Nullstellen eines geeigneten „Ersatzpolynoms" in z allein zurückzuführen. Durch Verwendung dieser Zurückführung entwickelt P. Czerner [6, 7] eine Auflösungstheorie für Gleichungen der Form

$$G(z, z^*, w, w^*) = 0,$$

wobei G ein Polynom in z, z^*, w und w^* ist.

Zum Abschluß der hier erfolgten Diskussion des gegenwärtigen Entwicklungsstandes der komplexen Analysis sei darauf hingewiesen, daß der neue methodische Apparat der komplexen Analysis zwar in Spezialvorlesungen, nicht aber in der Grundlegung der komplexen Analysis seinen Niederschlag findet. Daß dies möglich wäre, zeigt schon die Tatsache, daß man mit methodischem Vorteil auch Problemstellungen der klassischen Funktionentheorie im Rahmen partieller komplexer Differentialgleichungen behandeln kann (beispielsweise die COUSINschen Glättungsprobleme[13], vgl. L. HÖRMANDER [12]). Zu den heutigen Aufgaben der komplexen Analysis wird es daher auch gehören müssen, anstelle der bisher üblichen „Funktionentheorie“ eine weiterführende Grundvorlesung zu entwickeln.

Literaturverzeichnis[14]

[1] BALK, M. B.: Osnovnaja teorema algebry dlja polianalitičeskich polinomov. Litovskij matem. Kap. VIII, 3, 401—404 (1968).

[2] BERS, L.: Theory of Pseudo-Analytic functions. New York 1953.

[3] BERS, L., und L. NIRENBERG: On a representation theorem for linear elliptic systems with discontinuous coefficients and its applications. Convegno intern. sulle equanz. lin. alle deriv. parz., Triest, 111—140 (1954).

[4] BERGMAN, S.: Integral operators in the theory of linear partial differential equations. Berlin/Göttingen/Heidelberg 1961.

[5] BOJARSKIJ, B. W.: Teorija obobščennych analitičeskich vektorov. Ann. Polon. Math. **17**, 281—320 (1966).

[6] CZERNER, P.: Komplexe Methoden in der globalen Auflösungstheorie für algebraische Abbildungen der Form $G(z, z^*, w) = 0$. Beiträge zur Analysis (im Druck).

[7] CZERNER, P.: Eine zweistufige Reduktionstheorie für algebraische Gleichungen der Form $G(z, z^*, w, w^*) = 0$. Math. Nachr. (im Druck).

[8] DOUGLIS, A.: A function-theoretic approach to elliptic systems of equations in two variables. Comm. Pure Appl. Math. **6**, 259—289 (1953).

[9] GILBERT, R. P.: Constructive methods for elliptic equations. Berlin/New York 1974.

[10] GOLDSCHMIDT, B.: Cousin-Probleme für partielle Differentialgleichungen. Dissertation Halle 1976 (Druckfassung in Vorbereitung).

[11] HEINZ, W.: Ein Verfahren zur Bestimmung der isolierten Nullstellen von Polynomen in z und z^*. Math. Nachr. **65**, 219—222 (1975).

[12] HÖRMANDER, L.: An Introduction to Complex Analysis in Several Variables. Princeton 1967.

[13] KOOHARA, A.: Similarity principle of the generalized Cauchy-Riemann equations for several complex variables. J. Math. Soc. Japan **23**, 213—249 (1971).

[14] MUSCHELISCHWILI, N. I.: Singuläre Integralgleichungen. Berlin 1965 (Übers. aus dem Russ.).

[15] NAAS, J.: Beiträge zur komplexen Analysis und deren Anwendungen in der Differentialgeometrie. Berlin 1974.

[16] NAAS, J., und W. TUTSCHKE: Komplexe Analysis und ihr Allgemeinheitsgrad. Math. Nachr. (im Druck).

[17] PASCALI, D.: Vecteurs analytiques généralisés. Revue Roumaine de Mathematiques Pures et Appl. **10**, 779—808 (1965).

[18] PASCALI, D.: Sur la représentation de première espèce des vecteurs analytiques généralisés. Revue Roumaine de Mathematiques Pures et Appl. **12**, 685—689 (1967).

[19] Položij, G. N.: Obobščennie teorii analitičeskich funkzij kompleksnogo peremennogo. Kiev 1965.
[20] Theodoresco, N.: La dérivée aréolaire. Ann. Roumains Math. Cahier. 3, Bucarest 1936.
[21] Tutschke, W.: Über die Untersuchung von Problemen der optimalen Steuerung in der Ebene mittels komplexer Methoden (Pontrjaginsches Maximumprinzip für partielle Differentialgleichungen). Math. Nachr. **60**, 201–214 (1972).
[22] Tutschke, W.: Novoe primenenie dokazatel'stva J. N. Vekua k teoreme Karlemana. DAN **214**, 1276–1279 (1974).
[23] Tutschke, W.: Faktorisierung von Lösungen partieller komplexer Differentialungleichungen mit Hilfe eines holomorphen und eines von Null verschiedenen Faktors. Math. Nachr. **69**, 77–83 (1975).
[24] Tutschke, W.: Partielle komplexe Differentialgleichungen in einer und in mehreren komplexen Variablen. VEB Deutscher Verlag der Wissenschaften (im Druck).
[25] Tutschke, W.: Lösung nichtlinearer partieller Differentialgleichungssysteme erster Ordnung in der Ebene durch Verwendung einer komplexen Normalform. Math. Nachr. (im Druck).
[26] Tutschke, W.: Ein Optimalitätskriterium für Lösungen des Dirichletproblems bei elliptischen Systemen erster Ordnung mit Parameterfunktion. Beiträge zur Analysis (im Druck).
[27] Vekua, I. N.: Verallgemeinerte analytische Funktionen. Berlin 1963 (Übers. aus dem Russ.).

Anmerkungen

1. Der Inhalt dieser Arbeit ist eine erweiterte Fassung des Vortrages „Eine komplexe Normalform reeller, auch nichtlinearer Differentialgleichungssysteme erster Ordnung", der am 8. 4. 1976 vor der Klasse Mathematik der Akademie der Wissenschaften der DDR gehalten wurde. Die der Behandlung nichtlinearer Differentialgleichungen zugrunde liegende komplexe Normalform wurde bereits in [25] veröffentlicht. Dort wurde auch das Dirichletsche Randwertproblem behandelt, allerdings durch Anwendung des Schauderschen Fixpunktsatzes, während hier der Banachsche Fixpunktsatz verwendet wird.
2. Anstelle des Überganges zu partiellen komplexen Ableitungen kann man die gewöhnliche komplexe Ableitung auch auf andere Weise verallgemeinern: Betrachtet man nämlich anstelle des üblichen komplexen Differenzenquotienten einen modifizierten Differenzenquotienten, in dessen Definition zwei Hilfsfunktionen F, G eingehen, so liefert — im Fall seiner Existenz — dessen Limes die sogenannte Berssche (F, G)-Ableitung (vgl. [2]).
   Ist w eine Potenzreihe in x, y, also auch in z, z^*, so erhält man die partiellen komplexen Ableitungen nach z bzw. z^* durch formale Differentation nach z bzw. z^*.
3. Die Greensche Formel gestattet noch eine andere Variante einer nicht klassischen Ableitung zu definieren. Bezeichnet mG das Flächenmaß von G, so folgt (im Fall

der Existenz stetiger klassischer Ableitungen erster Ordnung der Funktion w) aus (5) bei Verwendung des Mittelwertsatzes der Integralrechnung, daß $\frac{\partial w}{\partial z^*}$ als Limes von

$$\frac{1}{2imG} \int_G w \, dz$$

bei immer kleiner werdenden Gebieten definiert werden kann (wird das Gebiet G dabei auf den Punkt z_0 „zusammengezogen", so erhält man den Wert von $\frac{\partial w}{\partial z^*}$ im Punkt z_0). Der Limes kann aber auch existieren, ohne daß w klassisch differenzierbar ist. Dann heißt die so definierte Ableitung die „Flächenableitung" im Sinn von THEODORESCO (vgl. [20]).

4. Über g genügen hierbei relativ schwache Voraussetzungen, etwa Stetigkeit (bei Verwendung des RIEMANN-Integrals).
5. Der Satz von PRIVALOV ist unmittelbar zunächst nur dann anwendbar, wenn γ_0 eine Kreislinie ist. Besitzt γ_0 jedoch genügend oft differenzierbare hölderstetige Darstellungen, so ist nach den Untersuchungen von KELLOGG die Abbildungsfunktion noch am Rande hölderstetig, wenn ein an γ_0 angrenzender einfach zusammenhängender Teil von G^+ bzw. von G^- konform auf eine Kreisfläche abgebildet wird. Damit läßt sich der Fall einer beliebigen Kurve γ_0 (mit hölderstetig differenzierbaren Darstellungen) auf den Fall einer Kreislinie zurückführen.
6. Es genügt für das Folgende eine Abschätzung der $(0, \alpha)$-Norm von $T_G g$. Dann genügt es, $K_1(\alpha)$ als Maximum der Normen von T_G und Π_G zu wählen.
7. Dieser Spezialfall der allgemeinen Lösung ohne Sprung längs γ_0 wurde in [25] durch Verwendung des SCHAUDERschen Fixpunktsatzes behandelt.
8. Im Fall mehrfach zusammenhängender Gebiete braucht sowohl die Lösung des Randwertproblems (40), als auch die Lösung des Sprung-Randwert-Problems (39), (40) nicht eindeutig zu sein (vgl. hierzu auch Bemerkung 3 in [25]).
9. Im linearen (und quasilinearen) Fall genügt es, anstelle (43), (44) einen Operator zu betrachten, der nur durch (43) definiert wird (wobei F nur von z und w abhängt). Dieser Operator wurde von L. BERS und L. NIRENBERG in [3] angegeben. Die Ergänzung von (43) durch (44) zwecks Lösung des Randwertproblems bei beliebigen nichtlinearen Differentialgleichungen (16) wurde in [25] vorgenommen.
10. Ist $\varrho = 0$, so wird in (48) die Gleichheit ausgeschlossen.
11. Im Fall quasilinearer Differentialgleichungen wiesen L. BERS und L. NIRENBERG in [3] auf diesen Fakt hin, daß die zusätzliche Voraussetzung der Linearität keine einschneidende Vereinfachung bewirkt.
12. Die Faktorisierung von Lösungen linearer Differentialgleichungssysteme in mehreren komplexen Variablen behandelt A. KOOHARA [13]. Der Fall nichtlinearer Differentialgleichungen wurde in [22] behandelt.
13. COUSINsche Glättungsprobleme bei linearen Differentialgleichungen beliebiger Ordnung behandelt B. GOLDSCHMIDT [10].
14. Weitere Literaturangaben findet man bei J. NAAS [15] und in [24].

MIX
Papier | Fördert gute Waldnutzung
FSC® C083411

Zeitfracht Medien GmbH
Ferdinand-Jühlke-Straße 7
99095 Erfurt, Deutschland
produktsicherheit@kolibri360.de